一头灰熊身上有多少根毛？

以及其他关于大数的问题

致我在天堂的父亲，还有我所珍爱的家人和哈里

——珍·卡顿

特别感谢

熊类保护基地的大卫·米恩韦尔

国际熊类研究与管理协会的詹纳弗·特尼森·范梅南

爱达荷大学生物信息和计算生物学系的萨万纳·罗杰斯，是她数清了灰熊身上有多少根毛

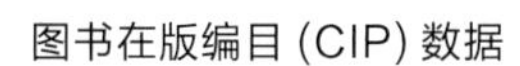

图书在版编目（CIP）数据

一头灰熊身上有多少根毛？/（英）特蕾西·特纳著；（英）珍·卡顿绘；夏南译. -- 广州：新世纪出版社，2022.5

ISBN 978-7-5583-3025-4

Ⅰ. ①一… Ⅱ. ①特… ②珍… ③夏… Ⅲ. ①数字—青少年读物 Ⅳ. ① O1-49

中国版本图书馆 CIP 数据核字（2021）第 192092 号

广东省版权局著作权合同登记号　图字：19-2021-212 号

How Many Hairs on a Grizzly Bear? written by Tracey Turner (the Author) and illustrated by Jen Khatun (the Illustrator)
First published 2021 by Kingfisher an imprint of Pan Macmillan

出 版 人：陈少波
责任编辑：温　燕
责任校对：任泽南
美术编辑：刘邵玲

一头灰熊身上有多少根毛？
YI TOU HUIXIONG SHEN SHANG YOU DUOSHAO GEN MAO?
［英］特蕾西·特纳　著　［英］珍·卡顿　绘　夏南　译

出版发行：新世纪出版社（广州市大沙头四马路10号）
经销：全国新华书店
印刷：当纳利（广东）印务有限公司
开本：965mm×1194mm　1/16
印张：3.25
字数：63.7 千
版次：2022 年 5 月第 1 版
印次：2022 年 5 月第 1 次印刷
书号：ISBN　978-7-5583-3025-4
定价：69.80 元

质量监督电话：020-83797655　购书咨询电话：010-65541379

一头灰熊身上有多少根毛？

以及其他关于大数的问题

[英] 特蕾西·特纳 著
[英] 珍·卡顿 绘
夏南 译

还有些关于大数写法和叫法的内容
由卡佳坦·波斯基特撰写

SPM
南方出版传媒
新世纪出版社
·广州·

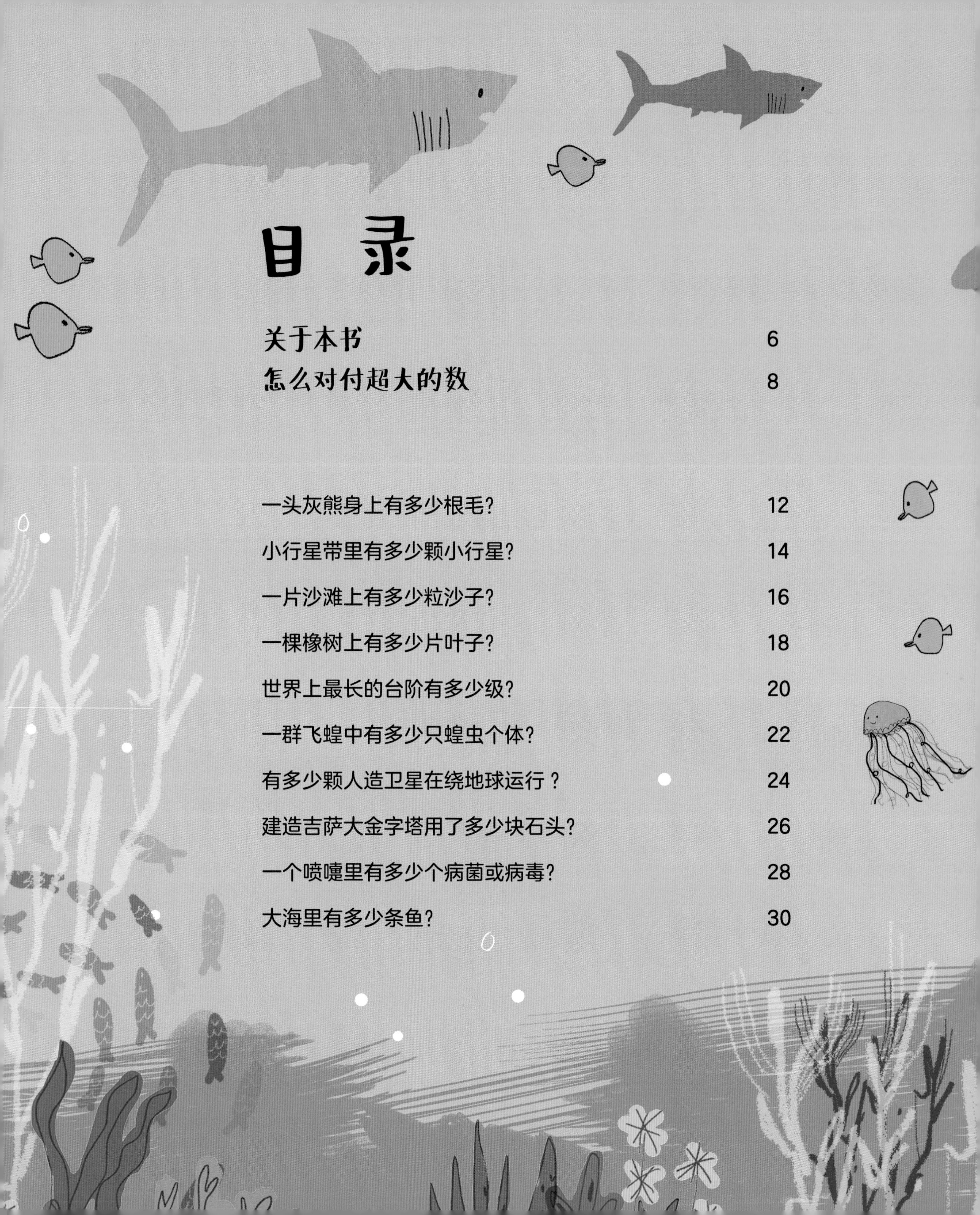

目 录

关于本书

你有没有好奇过……

夜空中有多少颗星星？

一棵橡树上有多少片叶子？

甚至一头灰熊身上有多少根毛？

哦，你手上的这本书就能帮忙找到答案。

在寻找答案的路上，我们还会……

仔细地看一看鼻涕里都有什么

在小行星带绕着太阳飞速运转

抚摸一下世界上毛最多的动物

顺着步道的台阶爬到山顶

还要会一会一颗名叫喜马拉雅山雪人的小行星。

这些似乎还不够，你还会发现许多难以置信的事实：放屁的大猩猩是怎样的？红细胞里发生着些什么？为什么冲马桶之前你一定得盖上马桶盖？还有……

很明显，灰熊体形巨大，身上的毛特别特别多，银河系里的恒星也特别特别多。这本书里讲的东西的数量都是特别特别多。但是，如果大数让你头疼的话，也不要怕它！大数可以告诉我们一些既有趣又很让人吃惊的事实，把它们当作朋友好啦。如果你还是一想到它们就头大的话，那么“可怕的科学·经典数学系列”丛书的作者、全能天才卡佳坦·波斯基特就是来帮你的——在下一页，他能让你的大脑玩转大数。

这本书里的某些问题已经有了明确的答案，比如我们都知道世界上最长的台阶有多少级。其他的问题应该也有明确的答案，只不过我们可能永远没法确定它，比如，大海里有多少条鱼，银河系里有多少颗恒星。然而，对于某些问题，在回答之前我们得先弄明白问题本身是什么意思。也就是说，在我们开始数小行星带里有多少颗小行星之前，我们得先问问什么是小行星；在我们把它算作小行星之前，得先弄清楚它有多大才算是小行星。

总之，在我们开始计数之前，先翻到下页来看看大数是多么了不起吧。看完你就明白为什么不用怕它们了。

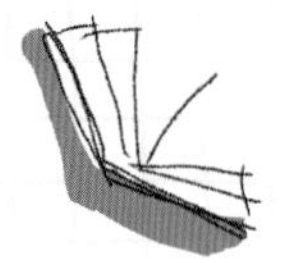

怎么对付超大的数

作者：卡佳坦 · 波斯基特

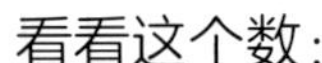

看看这个数：**10000000000000**

看了跟没看差不多，是吗？你可以给它造个名字，像什么“不计其数个亿”之类的。（不！这才不是大数的名字呢！）可是，这个数到底是多少呢？

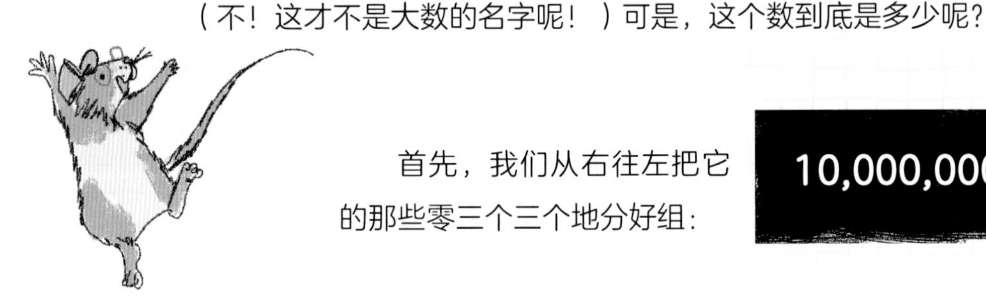

首先，我们从右往左把它的那些零三个三个地分好组：**10,000,000,000,000**

这样数起零的个数来，就比较容易了。我们数出13个零，所以就能迅速地把这个数写作10^{13}。为什么呢？因为10^{13}的含义就是把10连续相乘13次。你试试看，很管用！

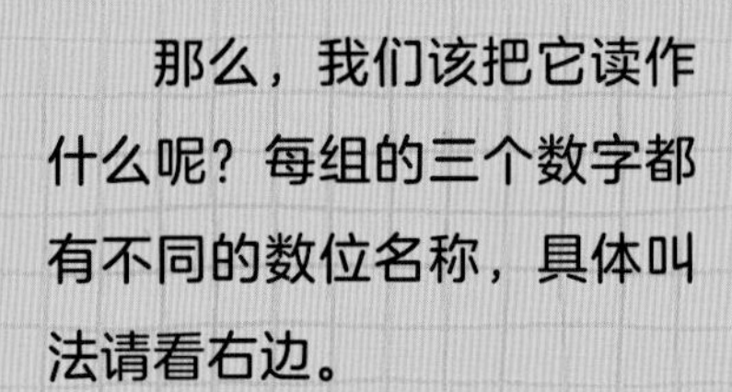

那么，我们该把它读作什么呢？每组的三个数字都有不同的数位名称，具体叫法请看右边。

10,000,000,000,000

10	000	000	000	000
十万亿 万亿	千亿 百亿 十亿	亿 千万 百万	十万 万 千	百 十 个

因此，1后面有13个零的数实际上就是十万亿！这差不多就是1光年的千米数（1光年约为9.4万亿千米）了。当你在星际旅行的时候，使用光年会比较容易描述距离。

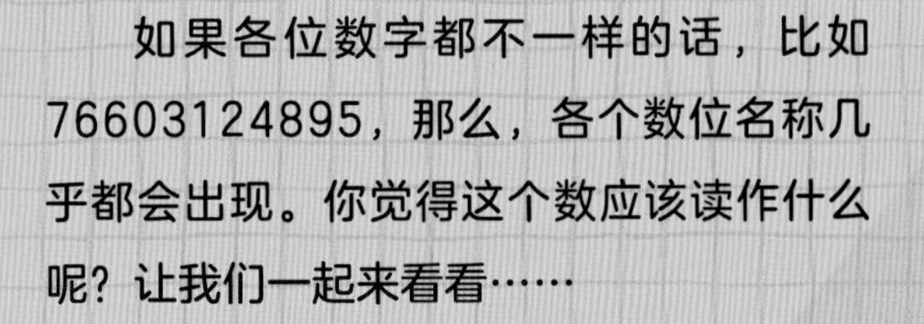

如果各位数字都不一样的话，比如76603124895，那么，各个数位名称几乎都会出现。你觉得这个数应该读作什么呢？让我们一起来看看……

76,603,124,895

76	603	124	895
百亿 十亿	亿 千万 百万	十万 万 千	百 十 个

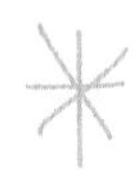

虽然**76,603,124,895**这个数还没有大到**万亿位**，但是它有**百亿位**、**十亿位**、**亿位**、**千万位**、**百万位**、**十万位**、**万位**、**千位**、**百位**、**十位**、**个位**等。下面就轮到很有意思的部分了，因为我们现在可以把这个数读出来：

七百六十六亿零三百一十二万
四千八百九十五！

更大一些的数

1,000　　我们以三个零为一组，先在1后面写一组零，得到**一千**（10^3）

1,000,000　　加一组零就是**一百万**（10^6）

1,000,000,000　　加两组零就是**十亿**（10^9）

1,000,000,000,000　　加三组零就是**一万亿**（10^{12}）

1,000,000,000,000,000　　加四组零就是**一千万亿**（10^{15}）

1,000,000,000,000,000,000　　加五组零就是**一百亿亿**（10^{18}）

接下来还有10^{24}（1后面24个零），10^{32}（1后面32个零），10^{40}（1后面40个零），10^{48}（1后面48个零），10^{56}（1后面56个零）……

写大数的高招

把40,000,000,000,000写作4×10^{13}，就简单多了。这就是科学家用的科学记数法，其中最重要的部分是10右上角个头儿小小的那个数字，它是10的幂次，决定了整个数是小，是大，还是大得不可思议。而对于47,200,000,000,000，就应该写作4.72×10^{13}。

如果你看到像5.21×10^6这样的数，能知道它原来是什么数吗？小小的数字6是在告诉你要把5.21乘以1,000,000，你可以把“5.21”的小数点向右移6位，“1”后面的每位写上零就可以了。

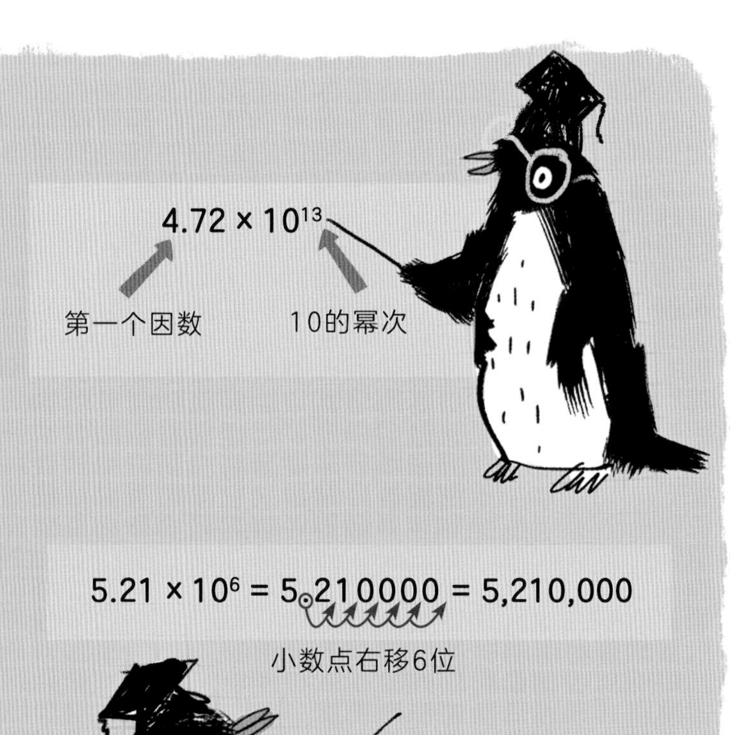

大数需要多精确？

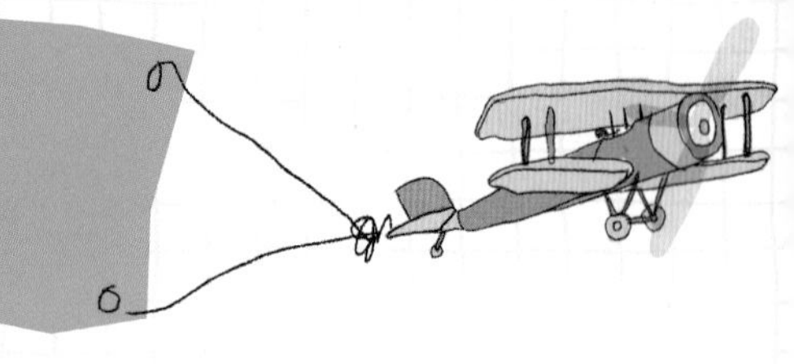

这取决于我们需要拿这些大数来干什么。比如，地球赤道有多长？一种答案是40,000千米。如果你要做环球飞行的话，这个答案是有用的，因为你可以算出大概需要花多长时间。而且这个数既方便书写，也容易记住。

现在，假设你要把绳子沿地球赤道绕一圈，你就会发现40,000千米的绳子并不够长，因为关于赤道周长更精确的答案是40,075千米。

但是，人们通常并不会沿赤道绕一圈绳子，所以这个大致的长度40,000千米（或者4×10^4千米）已经足够接近它本来的长度了。事实上，对于大多数大数而言，我们只需要知道它大致是多少。如果你看到一个以很多个零结尾的大数，那很有可能是为了让它变得简单而四舍五入的结果。

我们有多接近正确答案?

如果我们真想算，是能把一些大数算得很精确的。比如，吉萨大金字塔有多少块石头，我们是能数出来的，因为它们又大又重，也不会挪动地方。但是，那就意味着我们得把整个大金字塔给拆了，所以，最好还是别这么干。取而代之的是，我们用了埃及学家们估算的结果。

当我们想数灰熊身上有多少根毛的时候，从研究熊的专家朋友那里，我们可以知道1平方厘米的熊皮上有多少根毛。但是，灰熊皮的精确尺寸我们无从知晓，而且它没准儿在身上狠狠抓了一把就又拔走了几根。不过，这些都不重要。如果我们的估算方法够聪明，我们就能得到一个比较合理的答案。

灰熊毛的准确数量

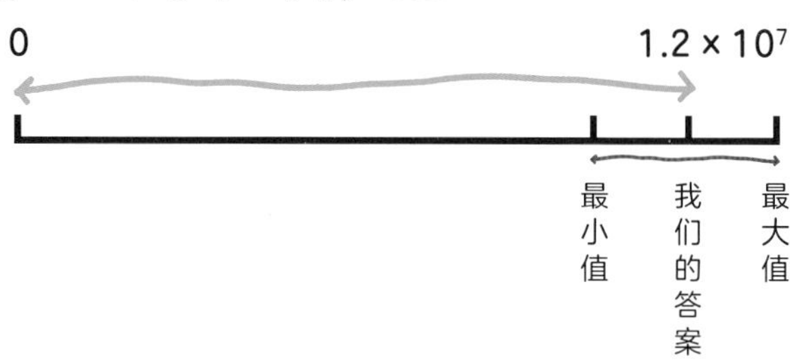

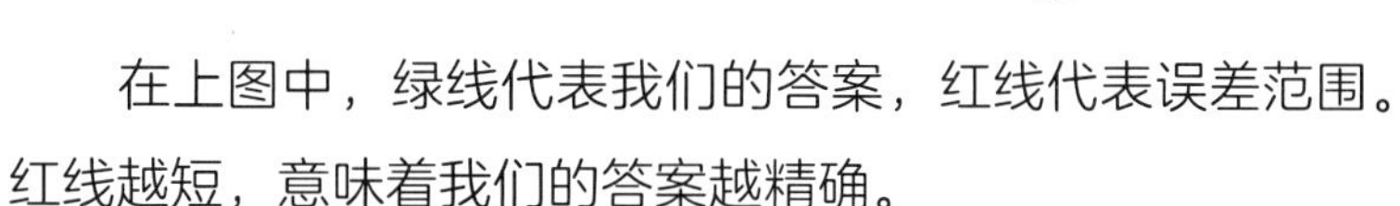

在上图中，绿线代表我们的答案，红线代表误差范围。红线越短，意味着我们的答案越精确。

海滩上沙粒的准确数量

我们能看到海滩上的沙粒，但是因为海滩的面积可大可小，尽管我们算出来的答案是大约有5.625千万亿粒沙子，但也可能是9千万亿或更多，还可能只有1千万亿，甚至更少。

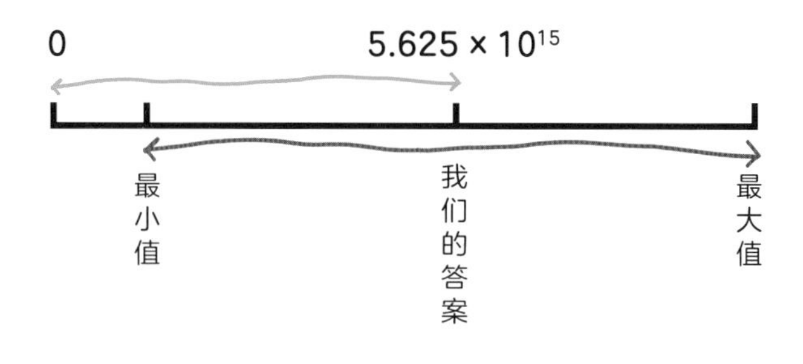

可能这个答案看上去不是特别精确，但是要知道我们在谈论的可是千万亿级的数目。无论对谁来说，这么多粒沙子都是够多的了！我们甚至可以不说那么具体，只说“好几千万亿粒沙子”。

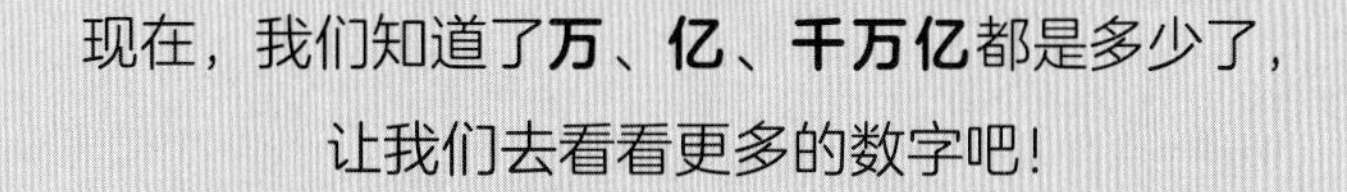

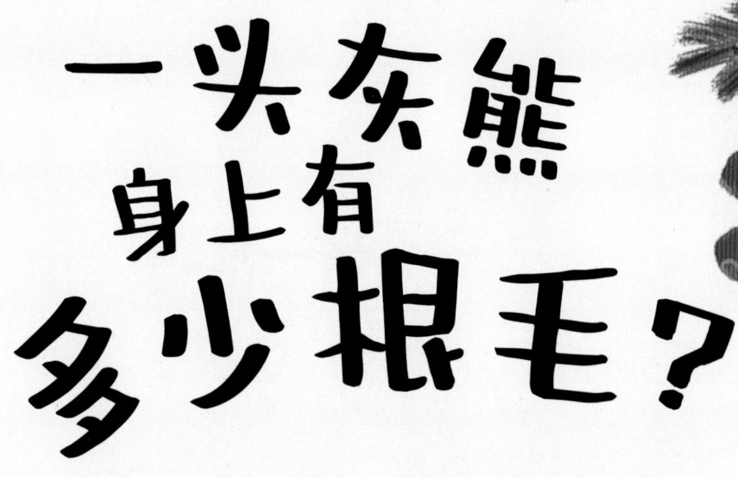

一头灰熊身上有多少根毛？

灰熊以毛发多且密、体形巨大以及令人害怕而著称。可是，它们身上究竟有多少根毛呢？

让人想不到的是，我们竟然知道灰熊身上每平方厘米（cm^2）的范围内长着多少根毛，因为有人数过！关于灰熊冬天穿的“大衣”，爱达荷大学的一项研究给我们提供了准确的数字。但是，对于灰熊究竟有多大，我们还得估算一下。

灰熊是棕熊的一种。有的灰熊毛尖呈灰白色。也许灰熊的名字就是因灰白色的毛而来的。

算一算

灰熊身上**1平方厘米内有多少根毛**呢？411根。**一头灰熊的表面积**约为30,000平方厘米。**用411乘以30,000**……

一头灰熊身上大约有12,330,000（1233万）根毛！难怪在阿拉斯加的冬天它们也不怕冷。

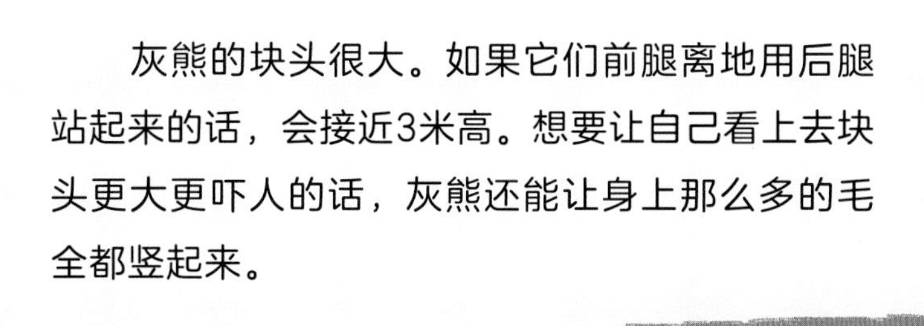

灰熊的块头很大。如果它们前腿离地用后腿站起来的话，会接近3米高。想要让自己看上去块头更大更吓人的话，灰熊还能让身上那么多的毛全都竖起来。

好吃！

灰熊不吃的东西可不多。各种浆果、水果、青草、种子、蜂蜜、虫子、小型哺乳动物、小麋鹿和小野牛……能吃的东西，只要你能叫上名字，它都照单全收。它们对飞蛾尤为钟爱，一头灰熊一天可以吃掉40,000只。

和其他一些动物相比，特别是与世界上毛最浓密的海獭比起来，灰熊的毛并不算多。通常海洋哺乳动物都通过一层海兽特有的脂肪来保暖，但海獭没有。海獭保暖靠的是身上极为致密的毛发，它每平方厘米的皮肤上差不多有140,000根毛。

你身上的毛又有多少呢？你差不多有115,000根头发，全身的毛量大约有500万根。灰熊的毛发大约是你毛发总量的2.5倍。

小行星带里有多少颗小行星？

小行星带主要由许许多多小天体组成，它们就是小行星。在火星和木星的轨道之间，它们绕太阳飞速旋转。小行星是由什么构成的呢？小行星的数量又有多少呢？

有科学家认为，大约46亿年前，太阳系的各大行星形成时遗留的岩石和金属碎片等便形成了小行星；和小行星带的小行星一样，太阳系里的其他小行星也是这么形成的。

小行星带中最大的天体是一颗叫谷神星的矮行星。谷神星的直径约950千米（km），和法国的南北最大纵距差不多。小行星带中第二大的小行星是灶神星。

一个天体想要跻身小行星之列，有说法认为它的直径必须超过1米（m）。大小在厘米级以下的小碎粒乃至尘埃数以万亿计，但它们只能被称作流星体。可就算只数出小行星的话，也还是很难说清它们的确切数目。

小行星带呈现一个巨大的环状带。它实在是太大了，就算小行星的数量以百万计，它们彼此之间的距离依然遥远，以至于在这里航天器撞上小行星的概率还不到十亿分之一。到2020年为止，共有13架航天器曾进入或者穿过小行星带，但是它们什么东西都没撞上（除了2001年的会合-舒梅克号，它的目的就是要在小行星上着陆的）！

大多数小行星并不像行星那样圆，它们看上去更像是被人捣了几下的土豆。有的小行星拥有围绕自己运转的卫星，有的还会环绕彼此运转，互为卫星，就像是太空中的最佳摇滚拍档。

据欧洲航天局的红外空间观测卫星估计，在小行星带的主体部分，小行星的数量在110万到190万之间。

谷神和灶神都是古罗马的神，用这些神的名字命名小行星是很合理的，但有些小行星的名字则比较特别，比如詹姆斯·邦德（9007号小行星的名字）、斯波克先生（《星际迷航》里的角色名），还有一颗小行星叫喜马拉雅山雪人。

科学家们想算一算什么时候可能会有大块头的小行星向地球猛冲而来，这也是他们研究小行星的原因之一。每隔几百年，就有一颗块头大到足以摧毁一座城市的小行星撞击地球。但是，地球表面有城市的部分非常少，所以，城市被小行星摧毁的可能性微乎其微。

一片沙滩上有多少粒沙子？

当你做完最后一步、沙滩城堡大功告成之时，这个问题突然从你的脑子里蹦出来。你的太阳帽可得戴好了，因为这个问题的答案真的是个非常大的数字。

要算出这个问题的答案，我们需要分三步走：(1)算出一桶沙子里有多少沙粒；(2)算出一片沙滩上的沙子可以装多少桶；(3)算出沙滩上的沙子有多少粒。首先，我们数出100粒沙子(这只海鸥来帮我们的忙了)，然后称称它们有多重。

我们只需要算出沙子的大概数目，所以，我们不用考虑沙子有多湿这类的问题。

算一算

每桶沙子里有多少沙粒？

- **100粒沙子=0.04克（g）**
- 我们装满一桶沙子称一下，可知沙子重**3.6千克（kg）=3600克**
- 用一桶沙子的重量除以100粒沙子的重量：**3600克 ÷ 0.04克=90,000**
- 再乘100，就得到每桶沙子的沙粒数：**90,000 × 100粒=9,000,000粒（每桶沙子有900万粒沙）**

这片沙滩的面积大约是 50,000 平方米，上面的沙子大约有 25 米厚。

算一算

这片沙滩上有多少粒沙子？

- 沙滩上沙子的体积=**50,000平方米**（m^2）×**25米**=**1,250,000立方米**（m^3）
- 乘以1000，将沙子体积单位换算成升（L）：**1,250,000,000升**（12.5亿升）
- 我们的桶可以装下**2升**沙子，所以，
  沙滩上的沙子可以装**1,250,000,000升**÷**2升**=**625,000,000**（6.25亿）**桶**
- 每桶可以装**900万粒沙**
- **900万粒沙**×**6.25亿桶**……

我们的沙滩上一共有（非常粗略的数字）
5,625,000,000,000,000 粒沙子，也就是 5625 万亿或者 5.625×10^{15} 粒沙子。

尽管这个数字大得不可思议，而且全世界沙滩的数目也大得惊人，但是，天上星星的数量仍然比地球上所有沙滩的沙子数量加起来还要多。

世界上最长的海滩是巴西的普腊亚卡西努，它绵延了至少212千米。

一棵橡树上有多少片叶子？

橡树可以长到40米高——那可是12层大楼的高度。所以，如果你爬上去，希望你不会恐高。

其实我们用不着真的爬到树上去，而是可以拿一根小树枝，数数它上面长了多少片叶子，然后量一下这根树枝有多长、距离主干有多远，还有其他一些零碎的数据。借助这些数字，通过一台好用的计算机，加上聪明的数学方法，就可以大概估算出结果了。

据他们估算，这棵橡树上有227,721片叶子。

事实上，华盛顿大学的研究者就是这么干的。他们选择了一棵普通的成年橡树，看上去就有点像是这棵。之所以这是个行之有效的方法，是因为每根树枝都可以看作是这棵树的缩小版，而每根树枝又由这棵树的若干更小版本组成。

橡树的寿命可超过1000年，但世界上最古老的树木则是位于美国犹他州的颤杨树，它名叫潘多，看起来像一片树林，但它们都是由最早那棵树的茎繁衍而来的，且拥有共同的地下根系，其中作为“祖宗”的那棵树估计有80,000岁了。相比之下，最古老的单株树木简直就是个宝宝——它大约有5060岁，是美国加利福尼亚州大盆地的一株狐尾松。

顺便说一句，千万别在橡树下野餐。在炎热干燥的天气里，有时候橡树的树枝会整根整根地脱落，这样就可以减少对水分的需求。虽然也有其他树种会发生类似的情况，但是橡树的树枝尤其粗壮沉重，还经常长得离地面很高，掉下来很容易把人砸伤。

橡树叶片的大小还算合理，但有些树的树叶就大得过分了。有一种被称为王酒椰的棕榈树，它的叶子超过25米长，3米多宽，堪称全世界最大的树叶。我们需要大约75,000片橡树叶才能拼出一片这么大的叶子，这大概相当于一棵橡树上三分之一的树叶了（翻到48页，看看这是怎么算出来的）。

世界上最长的台阶有多少级？

如果你爬几段楼梯都会感到累的话，那只能靠想象沿台阶爬上山顶了！

世界上最长的台阶并不在建筑物里——它叫尼森楼梯，位于瑞士一座叫尼森峰的山上。尼森峰海拔高度2363米，尼森楼梯从山脚沿着山的一侧直达山顶。有观光车沿着非常陡峭的轨道通往山顶，而轨道旁边就是我们这里说的最长的台阶了。

这些台阶是为了维修轨道或者出现紧急状况时使用的，平时并不对外开放。这里一年一度举行的爬尼森楼梯大赛，是为那些坚韧不拔、超级健壮的参赛者准备的。出发的时候最多有500名选手，但如果有人不能在1小时之内完成一半的路程，那么该选手就会被淘汰出局。冠军完成全程的用时通常是1小时，不过大多数参赛者所花的时间都比这多得多。

尼森楼梯共有11,674级台阶。当你爬到山顶时，至少可以看到相当不错的风景。

数一数你住的地方或学校里，每楼层间有多少级台阶，然后用这个数字去除11,674。想要跟那些爬世界上最长台阶的参赛选手获得同样体验的话，你需要爬多少段你那儿的楼梯呢？相信做完以上除法，你自然就会有答案了。

几乎可以肯定的是，尼森楼梯的坡度要比你家楼梯的大得多。坡度，通常用百分数来表示——用垂直方向上移动的距离除以水平方向上移动的距离就可以得出。对于右边的三角形，5除以1等于5，用百分数表示，这个坡度就是500%。

一群飞蝗中有多少只蝗虫个体？

蝗虫声名狼藉，而且名副其实。它们嗡嗡嗡地成群结队飞来飞去，所到之处的植物都被吃得精光。那么问题来了，一群蝗虫中究竟有多少只这样大快朵颐的食客呢？

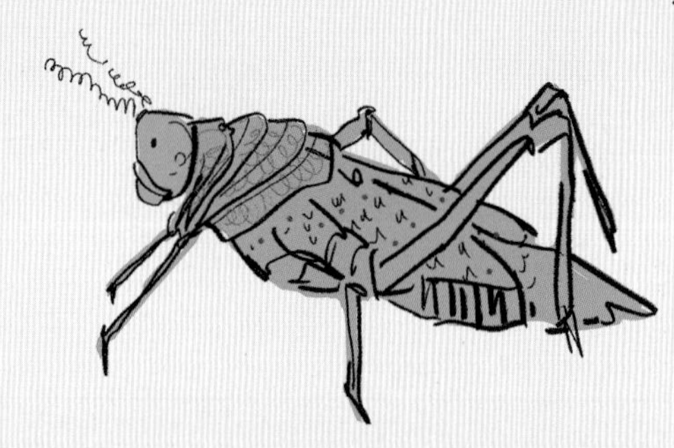

蝗虫有很多种，通常它们都是独来独往、四处乱跳的。但是，有些蝗虫有着非同寻常并且十分吓人的特点：在特定的情况下，通常是在天气潮湿时，它们往往会突然改变习性，大量集聚，成群地飞来飞去。它们的颜色会发生改变，彼此之间友好相处，而最为关键的是，它们特别想吃绿色植物。

科学家们通过航拍来估算蝗虫的数量。他们数出1平方米范围内的蝗虫数量，然后再用这个数乘以蝗虫群的面积。像曼彻斯特面积那么大的一群蝗虫中，有多达700亿只个体。那可是70,000,000,000！

因为蝗虫啃食农作物，所以成群的蝗虫会引发蝗灾，导致粮食短缺。最臭名昭著的肇事者就是沙漠蝗虫了。2020年，蝗虫成了一大麻烦，使肯尼亚经历了70年以来最严重的蝗灾，埃塞俄比亚和索马里的蝗灾也是25年来最严重的。

沙漠蝗虫可以长到8厘米长，寿命最多5个月。尽管沙漠蝗虫个头儿不大，但它们一路会吃掉很多植物，因为一只沙漠蝗虫一天摄入的食物量都能赶上它们自己的体重了。一大群这样的蝗虫一天就能糟蹋140,000吨（t）农作物（翻到48页，看看这是怎么算出来的）。

一群沙漠蝗虫一天可以移动150千米，一路上还要停下来吃东西。沙漠蝗虫的活动范围可以扩大至世界陆地面积的五分之一，波及几十个国家，使世界上十分之一的人口遭受影响。

有多少颗人造卫星在绕地球运行？

在夜空中闪烁的不仅有星星，还有人造卫星。在绕地球运行的轨道上，一共有多少颗人造卫星呢？它们都有什么用处呢？

第一颗人造卫星叫斯普特尼克一号（“斯普特尼克”一词在俄语中是“同行者、旅伴”的意思），它也是第一个人造天体。1957年，苏联将它发射升空、送入地球轨道。它在轨道运行了三个多月。在最初几个星期，它将无线电信号发射到地球上，直到电池耗尽。通过无线电接收器，人们能够听到哔哔声。

卫星指的是绕行星运行的天然天体。所以，月球就是地球的一颗卫星。此外，地球还有很多很多人造卫星。

今天，绕地球运行的天体包括足球场大小的国际空间站、中国空间站、哈勃空间望远镜，还有一片片的油漆、掉落的螺母和螺栓以及其他太空垃圾。在绕地球运转的物体中，直径超过10厘米大小的有34,000多个。

国际空间站是空间科学实验室。在那里，航天员可以在零重力的状态下开展实验。其他卫星的用处有导航、通信、拍摄太阳系和深空的照片、监测天气状况等等。

目前，人类计划发射的卫星数以千计。所以，在不远的将来，绕地球运行的卫星数量会很容易地增加一到两倍。当使用寿命结束时，它们要么被送往离地球更远的“坟场轨道”，要么减速回归地球，在坠落时于大气层中烧毁。

建造吉萨大金字塔用了多少块石头？

埃及的吉萨大金字塔已经建成4500多年了，到现在依然矗立在那里。建造这样一座巨大的建筑物究竟用了多少块石头呢？

金字塔是世界七大奇迹之一。它在七大奇迹中最为古老，也是其中唯一留存至今的。当古罗马人造访金字塔的时候，它就已经是一个古代旅游胜地了，那时候的金字塔2000多岁！

230米

吉萨大金字塔是埃及所有金字塔中最大的一座，绝对算得上是个庞然大物。在14世纪英国林肯大教堂铅包尖顶建成之前的3800年里，它几乎一直都是世界上最高的建筑物。

金字塔的外表面曾经都覆盖有石灰岩贴面，它们都被打磨抛光过，所以，金字塔会在阳光下闪闪发亮。到了19世纪，大多数的石灰岩贴面和塔尖的石头都被移作他用了。

想要知道金字塔确切的石头数目，不把它拆开是不可能做到的，而这又让人非常烦。但是在19世纪80年代，有个叫威廉·马修·弗林德斯·皮特里的考古学家做出过一次很不错的猜测——他算出了金字塔的体积，再减去金字塔内部土堆和通道的大致体积，然后计算出石头的平均体积，最终得出他的结果。

建造吉萨大金字塔大约用了230万(2,300,000)块巨大的石头。今天的人们依然认可皮特里的这个估算结果。

古埃及的金字塔是作为法老(国王)的陵墓修建的。吉萨大金字塔是法老胡夫的陵墓。他的尸体被制作成木乃伊，用亚麻布裹好，以便保存。木乃伊被放在金字塔内，一同被安放的还有法老在冥间所需要的一切：吃的、穿的、珠宝、武器，甚至还有一艘巨大的木船。古埃及人认为，人们在冥间还会需要内脏，所以，会把它们放进罐子里。但是大脑不会被放进去，因为那时的人们认为大脑不重要。

为了建造这座金字塔，用了差不多有550万吨石灰岩、8000吨从800千米以外运来的花岗岩以及50万吨砂浆。

一个喷嚏里有多少个病菌或病毒？

各种各样的严重感染都可能只是源自一个喷嚏，所以，我们要谈论的这个问题很关键，也很吓人。

病菌和病毒都是非常微小的、会引发疾病的微生物，人们一旦被感染，就会患上感冒或其他疾病。除非你用显微镜观察，不然它们就是来无影去无踪的，因为它们实在太小了，你根本无法用肉眼看到。

打喷嚏时，唾液、鼻涕等分泌物会以飞沫或气雾的形式喷射到空气中。如果观看慢动作的话，你会惊讶于它们居然这么恶心。在一个不加防护随意打出的喷嚏当中，喷出的唾液、鼻涕等的飞沫和气雾可传到10米远的地方。

英国布里斯托大学的科学家们在研究中投入大量的时间和精力，在一名感冒患者随便打的喷嚏当中发现了暗藏其中的恐怖事情。

平均每个喷嚏大约包含100,000个病菌或病毒。

你是否会从打喷嚏的人那里感染疾病，取决于你的免疫系统。你可能对某些疾病有免疫力，就算大口呼吸进感染者喷出的分泌物也不会中招；又或者对另一种疾病，你的免疫系统可能不具备抗体，于是，感染者打的喷嚏中的一点点病菌或病毒就能让你染病。

病菌或病毒最容易传播的时段就是刚刚打完喷嚏之后，所以，别站在打喷嚏的人旁边一边说着“祝福你”（bless you，英美人士在周围人打喷嚏之后的礼貌用语），一边吸入人家的鼻涕。如果你想打喷嚏的话，务必用纸巾捂住口鼻，接住喷出来的所有东西，然后把纸巾丢进垃圾桶。

较小的喷嚏气雾有可能在空气中悬浮几个星期，不过比较大的通常只会悬浮几分钟；而较大的飞沫会很快落在地面或是周围物体的表面，如果有人来触摸，就可能被感染。所以，要确保自己养成勤洗手、正确洗手的习惯，因为这样就可以防止各种病菌或病毒的感染了。

既然我们谈到了病菌的话题，那么，一定要记着冲马桶前要盖上马桶盖！如果不盖的话，随着冲水飞溅出的液体满载着肉眼看不见的病菌或病毒进入浴室，它们可以冲到1米多高，很可能最后会落在你的牙刷上。

大海里有多少条鱼?

地球表面大部分是海洋，海洋里到处是鱼，所以，“大海里有多少条鱼”的答案显而易见是“很多条”。但是，“很多条”到底是多少条呢？我们怎么才能算出来呢？

数鱼真的太难了——海洋辽阔无际、深不见底，鱼类不仅善于隐藏，还喜欢游来游去。可是，知道鱼的数量非常重要，因为想要保护海洋和海洋里的动物的话，我们就得尽可能多地获得这些信息。

为了数出鱼儿的数量，根据鱼类生活地点的不同，科学家们尝试了不同的办法：利用拖网渔船、无人机、探鱼飞机、海底机器人或者声波探测。很多的计数方法都是基于人工智能系统的，这能让科学家们喘一口气。这些研究可以告诉我们特定种类的鱼和其他动物的数量，以及数量是在增多还是在减少，但是它们无法确切地告诉我们大海里一共有多少条鱼。

想要数出全世界被捕捞的鱼的数量倒是更容易点儿，因为世界各地都有渔业记录。其中一项研究得出一个（非常粗略的）结果——

每年从海洋里捕捞的鱼类数量在1万亿到3万亿条之间（1万亿就是一百万个一百万，可以写作1,000,000,000,000，也可以写作10^{12}）——这仅仅是被捕获的鱼的数量！

随时都有新的鱼类物种被发现。科学家们认为，迄今为止已经发现了约22,000种鱼，而它们彼此之间的差别真的很大。比如，有一种很小的鱼叫侏儒虾虎鱼，身长只有12毫米左右，最大的鱼是鲸鲨，可以长到20米长，是虾虎鱼的1600多倍。

尽管理论上每个问题都有确定的答案，但是，有些问题就是没有人能够回答，哪怕是粗略的答案也无人知晓。

一片云里 有多少滴雨?

云有很多不同的种类，也不是所有的云都能带来降雨，有的云只是在空中愉快地飘来飘去呢。云是由什么组成的？它们什么情况下会下雨？云中又有多少雨滴在等着落下呢？

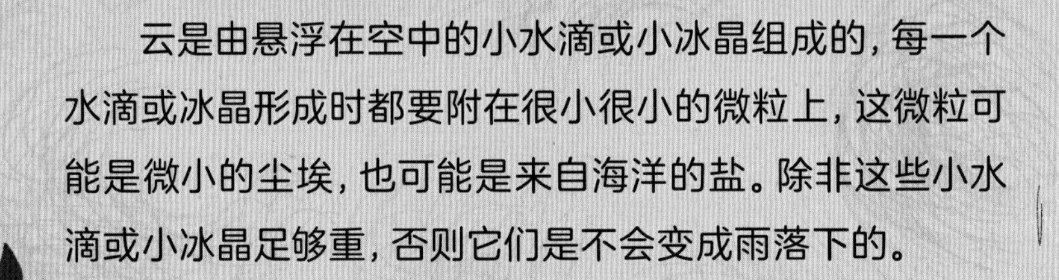

云是由悬浮在空中的小水滴或小冰晶组成的，每一个水滴或冰晶形成时都要附在很小很小的微粒上，这微粒可能是微小的尘埃，也可能是来自海洋的盐。除非这些小水滴或小冰晶足够重，否则它们是不会变成雨落下的。

云的种类不同，含水量也不同。我们要说的这朵云每立方米大约含水0.5克，它的体积是800万立方米。所以，这朵云含400万克水，或者说含4吨水（翻到48页，看看这是怎么算出来的）。

尽管云在天上飘来飘去，看上去又白又软，也不像要下雨的样子，可是它的重量却和一头成年非洲象相当。由于云的全部重量都分散开了，上升的热空气把它向上推，所以，它能一直待在天上，而不会重重地摔下来，把东西砸坏。

当暖空气升高、其四周温度降低时，空气中的水蒸气就会凝结成小水滴或小冰晶。当它们多到人的眼睛可以看到的程度时，云就会形成了。

当这些小水滴或小冰晶越来越大、重到不能飘浮在空中时，就会形成降水。单独一朵云通常不会形成降水，云朵彼此聚集在一起，雨水从阴云密布的天空降落。雨天的天空看上去灰蒙蒙的，这是因为较大的雨滴反射了光线的缘故。

如果雨滴的重量在0.1克左右，那么落下来的就是毛毛细雨。如果一朵云和其他大片的云朵一同出马，形成4克重的大雨滴，那么落下去的绝对算得上是倾盆大雨。

算一算

我们的这朵云含4吨水，其中约有一半（2吨）继续悬浮在空中，另外2吨变成雨滴落下来了。

1吨=1,000,000克，所以形成的雨水有**2,000,000克。如果每滴雨重4克，用2,000,000除以4，那么……**

在人体中有多少个细胞？

和人体的大小相比，细胞实在是太小了。所以，讨论这个问题，需要做好答案是个很大数的准备。

除了病毒和类病毒，所有的生命体都是由细胞组成的。人体内的不同细胞超过200种——表皮细胞、血细胞、组成骨骼和肌肉的细胞、把食物转化成能量的细胞、在大脑中发送和接收信息的细胞，还有其他各种各样的细胞。它们有的又长又细，比如神经细胞；有的像个圆盘，中间还有一个酒窝，比如红细胞。

数出细胞的数量听上去可能不算难，但其实是个很难回答的问题，一是因为细胞没有统一的尺寸和重量，它们大小各异，轻重不同；二是因为它们在我们体内并不是整齐排列的，如血液中的各种细胞是随血液在体内循环的。

幸运的是，我们犯不着为此去费劲地算来算去，因为已经有一群科学家帮我们完成了所有棘手的工作。从鼻腔里的软骨到脚上的趾甲，他们对普通成年人的所有器官和任何一个部位的每一种细胞都进行了计数，然后再把获取的所有数相加……

在这37.2万亿个细胞中，每一个细胞的内部都是一片忙碌的样子，发生着很多事情。负责具体工作的细胞结构，称为细胞器。它们制造或者储存化学物质，分解衰老的细胞器，等等。相邻细胞间的通道可以把各种物质运来运去。细胞核是控制中心，它指挥细胞该干什么、什么时候开始分裂复制。所有这些都是在小小的细胞内部发生的。只不过细胞太小了，一个大头针的平头上就能放下成千上万个细胞。

鸵鸟蛋可不是最大的细胞，因为那里面真正的细胞是受精卵，它的直径还不到1毫米（mm）。

世界上最大的图书馆里藏有多少本书？

世界上最大的图书馆是美国华盛顿的国会图书馆。如果你有一张那里的借书证，你可以选择看的图书可就太多太多了。究竟那座图书馆里的藏书有多少本呢？

美国国会是美国政府的立法机关，位于华盛顿国会山的国会大厦里。国会图书馆一开始也位于国会大厦里，但现在已经扩展到三座独立的建筑物内。

由于新书在源源不断地增加，图书馆的藏书数量始终在一直变化着。所以，除非我们谈论的是具体某一天的藏书数量，否则只能做出大致的估算。

国会图书馆的编目图书大约有2500万册，但你要是把所有馆藏都算上的话，那么这个数就会超过1.7亿。

如果你从国会图书馆每星期借10本书，那么你需要活将近48,000岁才能把每本书都见到（翻到48页，看看这是怎么算出来的）！

国会图书馆里除了书还藏有其他文献

5,600,000幅……………………………地图
8,100,000份……………………………活页乐谱
4,200,000份……………………………音像资料
14,800,000张…………………………照片
110,000幅……………………………海报
690,000张………………………印刷品和绘画

（数字均为近似值，不是精确统计）

图书馆至少已经诞生2600年了。已知最早的图书馆是属于亚述国王亚述巴尼拔的。他执政于公元前7世纪，王宫位于今天伊拉克境内的尼尼微。

1789年，美国总统乔治·华盛顿从纽约社会图书馆借了一本《万国法》，但他从来没有还！2010年，已经成为博物馆的华盛顿故居的工作人员向图书馆归还了一本《万国法》（但与之前华盛顿借的不是同一本），这已经超过借期221年了。

人们也会在互联网上阅读大量的内容。现在，可供人们选择的网站已经超过17.8亿（1,780,000,000）个，网页数量则超过了54.6亿（5,460,000,000）。

丛林里有多少只大猩猩？

除了黑猩猩和倭黑猩猩之外，大猩猩与我们的亲缘关系最近。所以，我们真该花点心思去看看它们过得怎么样。那么，我们这些好看而又毛茸茸的“亲戚”在野外究竟生活着多少只呢？

大猩猩生活在非洲赤道地区西部和东部的丛林里。想知道那里有多少只大猩猩可不简单，因为它们生活在茂密而偏远的森林里，并且它们肯定不会为我们填写调查表的。但是，科学家和护林员们一直在跟踪记录它们，所以，我们可以做出大致的猜测……

丛林里的大猩猩数量在100,000至360,000只之间。还有一些大猩猩生活在动物园里，显然它们的数量就好数得多了，大约有4000只。

大猩猩通过发出不同的声音（如叫喊声、哼哼声和咆哮声）进行彼此之间的交流。有时候，它们会用拳头捶打自己的前胸，发出的声响有点像敲击木琴的声音，以此来炫耀自己的体形和强壮，提醒对手不要轻举妄动。

世界上最长的桥是中国的丹昆特大桥，长度为164.851千米。假设大猩猩平均身高1.5米，如果让它们头脚相接地沿着丹昆特大桥躺下，排成一列长队，那么就算是取一个接近野生大猩猩最少数量的数，它们也能排到终点（翻到48页，看看这是怎么算出来的）。

大猩猩看起来可能挺吓人，但总的来说它们是相当平和、闲散的动物。为了保持体形，它们需要把大量的时间花在吃东西上。它们主要吃素，狼吞虎咽地吃树叶、水果和树皮等，偶尔也会吃吃蠕虫和昆虫。所有这些纤维让大猩猩成为世界上最爱放屁的动物之一。

令人难过的是，和黑猩猩、倭黑猩猩、红毛猩猩等大型类人猿一样，所有的大猩猩都是濒危动物。它们面临的危险来自疾病和森林砍伐，也来自人类，因为有人会把它们捕去吃掉或是养作宠物。为了保护大猩猩、增加它们在丛林中的种群数量，人们做了大量积极、有益的工作。

银河系里有多少颗恒星？

银河系就是我们所在的星系，它包含的恒星数量大到吓人。究竟有多少颗呢？我们怎么来数呢？

如果在一个不见月亮的晴朗夜晚，而你身处的地方又远离人造光源，那么你就能够看到银河。它像是无数星星组成的宽宽的带子，还像夜空中的一条白色小路。我们用肉眼还能看到银河附近数以千计的星星，要是借助望远镜的话，还能再多看到几千颗。

我们的银河系太大了，哪怕是用光的速度（每秒钟可以前进将近**300,000,000米**），想要穿越银河系的银盘也需要**82,000年**。

为了回答“银河系里有多少颗恒星”这个问题，科学家们首先得估算出银河系的质量有多大。由于有其他较小的星系在围绕银河系运转，科学家们根据它们的运动情况就能算出银河系的质量。然后，他们需要算出其中有多大的质量是恒星的，而不是尘埃或者气体的。最后，他们再估算出恒星的平均质量是多大。因为这中间没有一件事情是有确切答案的，所以，科学家们只能估算出一个大致的范围。

银河系是一个棒旋星系（显然这也是星系的最佳形状），但是也有其他形状的星系，包括椭圆形和不规则形状的。我们的地球大约在这个位置。

银河系里恒星的数量在1000亿到4000亿之间！

我们不知道整个宇宙到底有多大，但是通过超级望远镜，对部分的宇宙（可观测宇宙）我们多少还了解点儿。大致来说，就是指距离在138亿光年（1光年就是光1年行进的距离）以内的空间，因为如果是从更远空间发出的光，那么它们从宇宙诞生至今还无法抵达地球。可观测宇宙很可能包含有至少2万亿个星系。

科学家们算出了可观测宇宙中恒星的数量为1000万亿亿，可写作100,000,000,000,000,000,000,000（10^{23}）。这也是这本书里最大的数字，但很可能实际数字有它的3倍之多。

全世界有多少人？

从数百万年以前人类最初进化起，直到今天我们已经遍布这颗星球。那么，这个世界上究竟有多少人呢？

由于人口数字一直在增长，所以对于全世界有多少人，我们只能给出一个粗略估算出的答案，而无法真正知道精确的世界人口数量。而且你要知道，并不是世界上的每个人都登记在册了。所以，此时此刻——

全世界大约有 78 亿人（可写作 7,800,000,000 人）。

据估计，1970年全世界约有37亿人。到了2030年，这一数字可能会超过80亿。

人口最多的国家

中国： 14.43亿

印度： 13.24亿，预计在2030年人口数超过中国

美国： 3.31亿

印度尼西亚： 2.68亿

巴基斯坦： 2.08亿

人口最少的国家

梵蒂冈： 618人

图瓦卢： 11,000人

瑙鲁： 12,700人

帕劳： 18,000人

圣马力诺： 33,909人

摩纳哥： 38,350人

在世界上，一半多的人（差不多每10个人里面就有6个人）都生活在亚洲；差不多每10个人里面有2个人生活在非洲国家；10个人中剩下的2个人生活在世界其他地区，如欧洲、大洋洲、南美洲、北美洲。

唯一没有永久居民的大洲是南极洲。那里太冷了，就算是企鹅的日子也不好过。

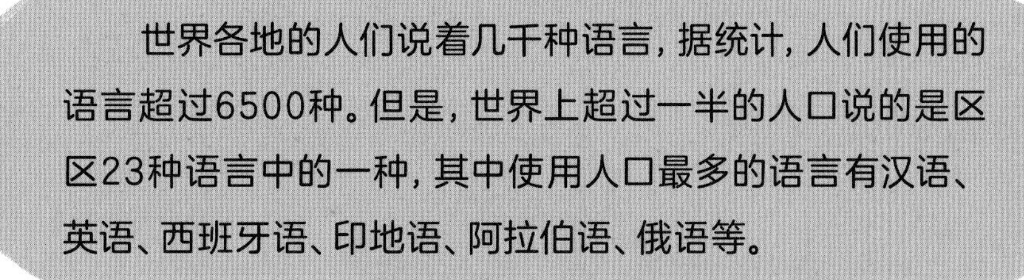

世界各地的人们说着几千种语言，据统计，人们使用的语言超过6500种。但是，世界上超过一半的人口说的是区区23种语言中的一种，其中使用人口最多的语言有汉语、英语、西班牙语、印地语、阿拉伯语、俄语等。

一个比一个大的数

现在，我们再从小到大看一遍这些可爱的数吧。天啊，有的数真的很大，不是吗？

绕地球运行的人造卫星约有5640颗。

如果你想用炫酷的科学记数法的话，那就是有5.64×10^3颗人造卫星在天上打转。这个数有点大，但我们还有一大堆更大的数……

世界上最长的台阶有11,674级。

或者说有1.1674×10^4级台阶。如果你刚好在爬那台阶的话，你就会知道这绝对是个大数。

一朵云里约有500,000滴雨。

那是5×10^5滴雨，而且我们说的这朵云还不太大。下一个数会更大……

小行星带里可能有1,900,000颗小行星。

小行星的数量在110万到190万之间，或者说小行星带里有1.1×10^6到1.9×10^6颗小行星。

建造吉萨大金字塔大约用了2,300,000块石头。

这些石头又大又重，并且用了230万块，也就是2.3×10^6块。接下来，我们即将看到量级再大一些的数……

一头灰熊身上约有12,330,000根毛。

灰熊身上有1233万根毛，或者说有1.233×10^7根毛（大概是这么多）。

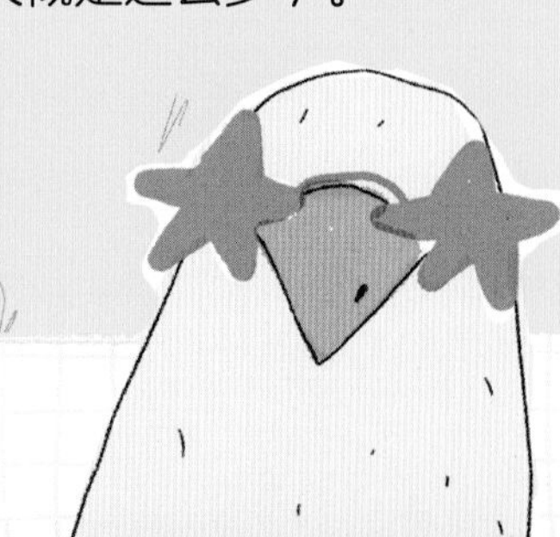

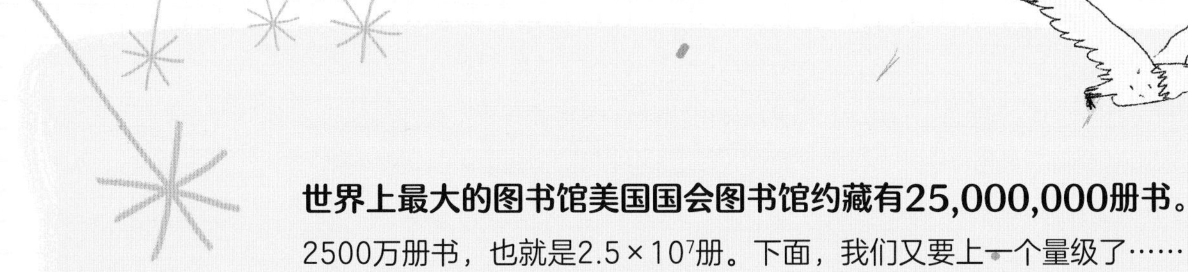

世界上最大的图书馆美国国会图书馆约藏有25,000,000册书。

2500万册书，也就是2.5×10^7册。下面，我们又要上一个量级了……

全世界约有7,800,000,000人。

地球上约有78亿人，也就是7.8×10^9人。这个数已经很大了，不过下一个数更大……

一群飞蝗中约有70,000,000,000只蝗虫。

这个数可是700亿呀，或者说那里有7×10^{10}只饥肠辘辘的蝗虫。如果再上一个量级呢？请看下一个数……

银河系里可能有400,000,000,000颗恒星。

我们的银河系里有1000亿至4000亿颗恒星，或者说有1×10^{11}到4×10^{11}颗恒星。现在，准备继续迎接更大的数吧……

人体中约有37,200,000,000,000个细胞。

你的身体约由37.2万亿个细胞组成，或者说是3.72×10^{13}个细胞。接下来，我们将看到一个大到令人头疼的数。

一片沙滩上约有5,625,000,000,000,000粒沙子。

我们的这片沙滩上约有5625万亿粒沙子，也就是5.625×10^{15}粒沙子。但还有最后一个数，它大到可能会让你脑袋爆炸。

在可观测宇宙中约有100,000,000,000,000,000,000,000颗恒星。

如果我们能用上功能足够强大的望远镜，那么在所能看到的那部分宇宙中，恒星数量大体就是这个数，它也是这本书中我们见到的最大的数。它是1000万亿亿，或者说是10^{23}。

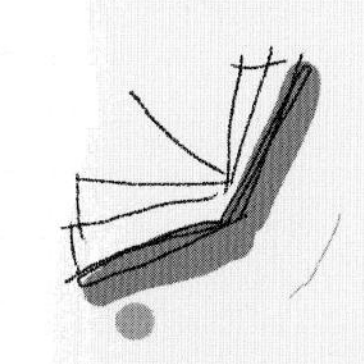

索引

Q

R

S

T

W

X

Y

Z

算一算

第19页：我们需要大约75,000片橡树叶，才能拼成一片王酒椰的叶子。

尽管叶子有叶子的形状，但我们可以假设它们是矩形的。如果说一片橡树叶测量出来大约是5厘米长、2厘米宽，那么，我们需要用多少片橡树叶才能拼成一片王酒椰的叶子呢?

一片橡树叶的面积大约是5 × 2=10（平方厘米），

一片王酒椰叶子的面积大约是 2,500 × 300=750,000（平方厘米），

用大叶子的面积除以小叶子的面积：750,000 ÷ 10=75,000（片）。

第23页：一大群沙漠蝗虫一天能糟蹋140,000吨农作物。

一只沙漠蝗虫重约2克，一天能吃和自己身体一样重的食物。所以：

2克 × 70,000,000,000只沙漠蝗虫=140,000,000,000（1400亿）克=140,000吨。

第32页：这朵云含4吨水。

算出云的体积（虽然云有自己的形状，但是我们算的时候可以假设它是立方体）：

200 × 200 × 200=8,000,000（立方米），或者说是800万立方米。

这朵云每立方米大约含水0.5克，它的含水量就是8,000,000×0.5=4,000,000（克），也就是4吨水。

第36页：如果你从国会图书馆每星期借10本书，你需要活将近48,000岁才能把每本书都见到。

一年有365 ÷ 7=52.1（个）星期，你每星期借10本书，一年借书52.1 × 10=521（本）。

现在，用国会图书馆的藏书量除以你一年借书的数量：

25,000,000 ÷ 521 ≈ 47,985（年）。如果精确到千位，四舍五入后的结果为48,000年。

第39页：让野生大猩猩沿丹昆特大桥躺下，它们能排到桥的终点。

人们估计野生大猩猩数量在100,000至360,000只之间。这里取一个接近下限100,000的数：110,000。

假设大猩猩的平均身高为1.5米，所有大猩猩头脚相接地躺下，排成一列：

1.5×110,000=165,000（米），比丹昆特大桥（长164,851米，即164.851千米）长149米。